STEM创新教育系列

人工智能

计算思维 启蒙教程

周崴 陈弘 编著

人民邮电出版社
北京

图书在版编目（ＣＩＰ）数据

人工智能计算思维启蒙教程 / 周嵬，陈弘编著. --
北京：人民邮电出版社，2023.3
（STEM创新教育系列）
ISBN 978-7-115-60355-5

Ⅰ．①人… Ⅱ．①周… ②陈… Ⅲ．①人工智能—儿
童读物 Ⅳ．①TP18-49

中国版本图书馆CIP数据核字(2022)第212586号

内 容 提 要

人工智能的发展离不开信息技术的支持，而信息技术的核心是计算机技术。计算思维并
不局限于计算机领域，它可以应用于生活的方方面面。数学思维和计算思维都是一种抽象方
法，数学思维是剥离具体对象的抽象方法，计算思维则是问题解决模式的抽象方法。因此，
人工智能启蒙教育的重点应该落在儿童数学思维和计算思维的培养上。

本书致力于让儿童在实物化编程游戏中体验编程的乐趣，了解编程的基础方法，帮助儿
童建立自己的思维逻辑。

本书的目标读者为 5 周岁到 10 周岁的儿童及其家长，或相关领域的教育工作者。本书
既可以作为亲子益智活动的参考书，也适合培训机构和学校使用。

◆ 编　著　周　嵬　陈　弘
责任编辑　李永涛
责任印制　王　郁　胡　南
◆ 人民邮电出版社出版发行　　北京市丰台区成寿寺路 11 号
邮编　100164　　电子邮件　315@ptpress.com.cn
网址　https://www.ptpress.com.cn
涿州市京南印刷厂印刷
◆ 开本：700×1000　1/16
印张：7　　　　　　　　　　2023 年 3 月第 1 版
字数：53 千字　　　　　　　2023 年 3 月河北第 1 次印刷
定价：59.90 元
读者服务热线：**(010)81055410**　印装质量热线：**(010)81055316**
反盗版热线：**(010)81055315**
广告经营许可证：京东市监广登字 20170147 号

 # 序

我一直在思考一个问题：要如何向儿童进行人工智能的启蒙教育呢？

儿童是我们的未来，而人工智能也将成为越来越重要的一门技术。越早对儿童进行人工智能的启蒙教育，越有利于激发儿童创造性的思维，帮助儿童逐渐养成主动探究、主动思考的习惯，使儿童在遇到问题时，能从多方面去思考。

但是，直接借助电脑或者其他电子产品对儿童进行人工智能的启蒙教育显然不合适，因为过早接触电子产品可能使儿童对其产生依赖，导致儿童无法专注学习。

那么，如何才能既有效地进行人工智能的启蒙教育，又不会让儿童过早地接触电子产品呢？

当我看到这本书——《人工智能计算思维启蒙教程》时，我终于有了答案。

书中以人工智能中的计算思维为核心，通过生动有趣的情景塑造，把深奥难懂的知识，融入儿童日常的生活场景中，用通俗易懂的方式，如玩游戏、数格子、找规律等，帮助儿童形成自己的思维能力，做到真正的授人以渔。

同时，此书摆脱了传统电子产品的束缚，采取实物化编程的

方式，让儿童在实践过程中体验编程的乐趣，了解编程的本质，即用机器能懂的语言来控制机器。此外，在这个过程中还潜移默化地培养了儿童逻辑思维的能力。

书中的编程实践活动，不仅需要儿童自己动脑思考，而且需要与家长（或队友）进行沟通，这就更能激发儿童的求知欲，并提高儿童的自然观察能力、语言表达能力，以及合作交往能力。

因此，我将这本启蒙读物推荐给各位父母和老师，希望它能为培养儿童的人工智能思维起到重要的作用。

周昌乐　2022 年 10 月 11 日
厦门大学人工智能系教授
福建省人工智能学会理事长

 **前言**

　　人工智能是一门跨专业、跨行业的综合性学科，是集知识、财富、智慧于一体，并决定未来社会经济文明实力的融合性大工程。人工智能已经上升到国家战略层面，广泛开展人工智能的科普活动也被写入了国务院印发的《新一代人工智能发展规划》文件的保障措施部分，而人工智能低龄启蒙教育在国内还处于起步阶段。

　　5周岁到10周岁的儿童处于皮亚杰认知发展阶段理论中的"前运算阶段"和"具体运算阶段"，这两个阶段的儿童在语言掌握和概念理解方面的发展迅速，初步具备将运动感知转化为表象或形象的能力，即具备图形符号认知能力，认知结构容易发生重组和改善，逻辑思维也极具弹性。因此，这两个阶段是培养数学思维和计算思维的关键时期。但是，这两个阶段儿童的思维逻辑更多的是基于具象化的对象，因此，数学思维和计算思维的培养应该更多地借助实物化教具和儿童可以理解的故事情境来实现。

　　因为直接受众是5周岁到10周岁的儿童，所以本书力求语言通俗易懂，图文并茂。另外，本书对家长和编程启蒙教育工作者的专业背景没有特殊要求，感兴趣的读者都能阅读和使用。

本书基于循序渐进地帮助儿童培养数学思维和计算思维的目标，通过故事情境和实物化编程游戏工具，引导儿童在角色扮演和使用指令片让"裤兜小车"展现程序动作的过程中，不断地试错纠错，以训练儿童用计算思维解决问题，使抽象、枯燥的数学启蒙教育和计算机启蒙教育变成生动活泼、充满童趣，又极具互动性的学习过程。

编者

2022 年 6 月

编委会

主　编：廖福林

副主编：周　嵬　　陈　弘

编　委：程庆宝　　陈学昶　　黄明钰
　　　　黄学翔　　李灵峰　　林向晖
　　　　邱伟松　　唐　磊　　王　宏
　　　　许长熊　　郑　恩　　周建忠
　　　　周开海

目 录

 **我们的新朋友——裤兜机器人**

第1节 初识裤兜机器人

今天，我们一起来认识一位新朋友——裤兜机器人，它的主要组成部分包括裤兜小车、指令盘和指令片。裤兜机器人能够听从我们的指挥，完成各种小任务。

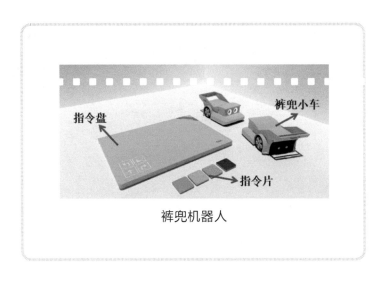

裤兜机器人

裤兜机器人为什么能听懂我们的指挥呢？这是因为它也像我们一样有"眼睛""耳朵""大脑""四肢"。裤兜机器人的"眼睛"和"耳朵"被称为输入设备，它们负

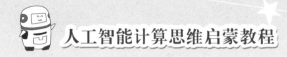

责接收外界的信息并把这些信息提供给"大脑";"大脑"被称为处理器,它负责处理信息并得出结果,然后把结果对应的指令发送给"四肢";"四肢"被称为输出设备,它负责执行"大脑"发送过来的指令。所以,只要我们用裤兜机器人能听明白的"话"和它交流,它就能听从我们的指挥。

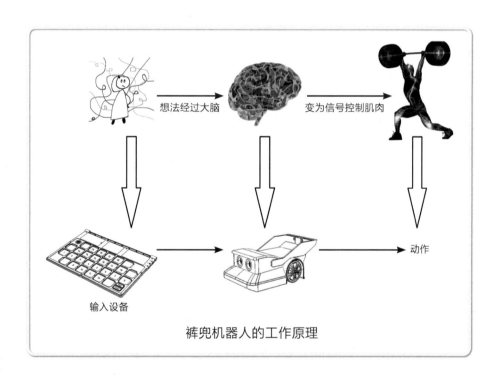

裤兜机器人的工作原理

下面我们来认识一下裤兜小车。

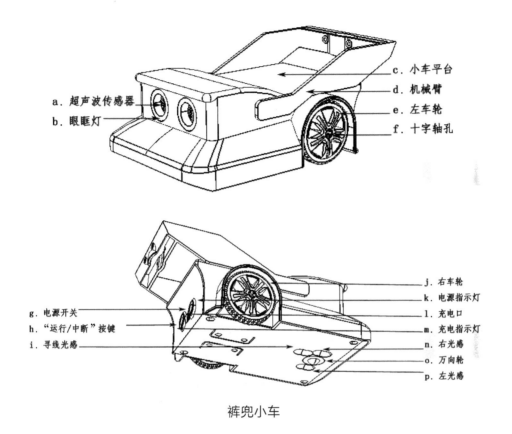

a. 超声波传感器
b. 眼眶灯
c. 小车平台
d. 机械臂
e. 左车轮
f. 十字轴孔

g. 电源开关
h. "运行/中断"按键
i. 寻线光感
j. 右车轮
k. 电源指示灯
l. 充电口
m. 充电指示灯
n. 右光感
o. 万向轮
p. 左光感

裤兜小车

　　裤兜小车的输入设备有超声波传感器、寻线光感、左光感和右光感等；输出设备有眼眶灯、机械臂、车轮等；处理器就藏在裤兜小车内。

　　我们与裤兜机器人的交流是通过指令片和指令盘来实现的。指令片就像汉字，不同的指令片组合在一起可以形成一句有意义的"话"，然后指令盘将这句"话"翻译成裤兜机器人能理解的"话"，并利用蓝牙发送给裤兜小车，让它执行相应的动作。

这样我们就能通过编程给裤兜机器人下达指令，并对它进行控制了。

第2节　使用裤兜机器人

现在我们来学习如何使用裤兜机器人，操作步骤如下。

1. 分别打开指令盘和裤兜小车的电源开关，等待蓝牙对接成功（裤兜小车发出"嗒嗒嗒、嗒嘀嗒"的提示音，同时眼眶灯常亮即表示蓝牙对接成功）。

2. 根据自己的需求将指令片按指令盘上的数字顺序放入。

3. 按"Run"（运行）键，程序即传送给裤兜小车，裤兜小车开始执行程序。

4. 执行新程序时需要把指令盘上的指令片取走，然后重新放置指令片。

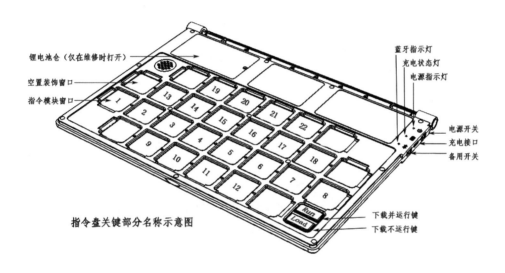

锂电池仓（仅在维修时打开）
空置装饰窗口
指令模块窗口
蓝牙指示灯
充电状态灯
电源指示灯
电源开关
充电接口
备用开关
Run
Load
下载并运行键
下载不运行键

指令盘关键部分名称示意图

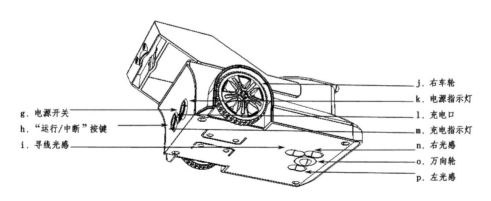

g. 电源开关
h. "运行/中断"按键
i. 寻线光感
j. 右车轮
k. 电源指示灯
l. 充电口
m. 充电指示灯
n. 右光感
o. 万向轮
p. 左光感

指令盘与裤兜小车

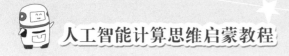
【试一试】

接下来做个实验。

1. 找出下图所示的指令片。

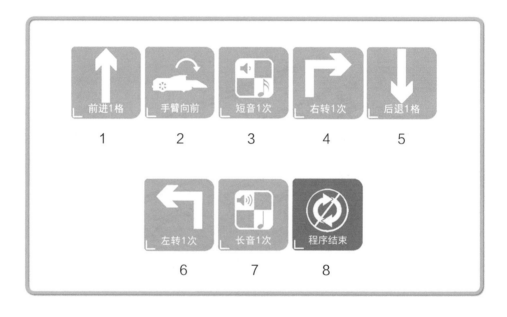

2. 按上图所示的数字顺序将指令片放入指令盘对应的"指令模块窗口"中。

3. 按指令盘上的"Run"键，看看发生了什么。

4. 试试把"程序结束"指令片去掉，然后按"Run"键，看看裤兜小车又会做什么动作。

5. 在步骤4的基础上，把按"Run"键改成按"Load"键，说说发生了什么。

【实验结果】

1. 按"Run"键后，裤兜小车按照指令片开始运行：裤兜小车前进1格、裤兜小车机械臂向前摆动1次、裤兜小车发出1个短音、裤兜小车向右转90°、裤兜小车后退1格、裤兜小车向左转90°、裤兜小车发出1个长音，最后裤兜小车停下。

2. 把"程序结束"指令片拿去后，再次按"Run"键，裤兜小车将会一直重复执行"裤兜小车前进1格、裤兜小车机械臂向前摆动1次、裤兜小车发出1个短音、裤兜小车向右转90°、裤兜小车后退1格、裤兜小车向左转90°、裤兜小车发出1个长音"程序。

说明：指令盘上的程序都自带循环，只有放上"程序结束"指令片，程序才会只执行一次。

3. 把按"Run"键改成按"Load"键后，裤兜小车是不动的。因为按"Load"键只是把程序上传给裤兜小车，但裤兜小车并不运行程序。要想让裤兜小车运行，需要再按裤兜小车尾部的"运行/中断"按键。

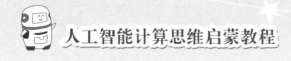

第1课 像人一样的机器

　　简单来说，人工智能就是让机器具有类似人的学习能力，使机器能够不断地学习，从而为人类提供更智能的服务。

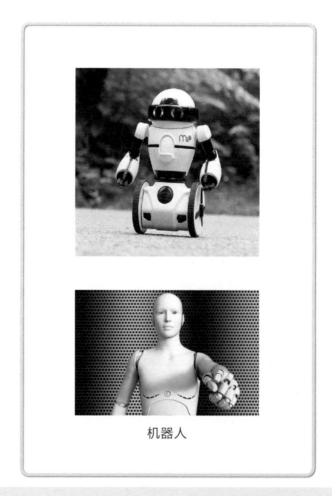

机器人

第 1 节　聪明的机器

在世界围棋冠军李世石与谷歌 AlphaGo（阿尔法狗）机器人的围棋人机大战中，阿尔法狗通过像人一样"学习"，在短时间内掌握了高超的围棋技巧，最终战胜李世石，成为第一个击败人类职业围棋选手的人工智能机器人。

围棋

阿尔法狗很厉害吧。其实不管是多么高深的人工智能，都要先从"交流"学起。

人和人之间是怎么交流的？

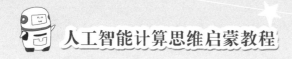
当然是用对方能够听懂的语言进行交流，所以我们与机器交流的时候也要用它能听懂的语言——程序。

人与人之间的交流

为了便于学习人工智能，本书会使用预备课介绍的裤兜机器人套装。这个套装包括一辆裤兜小车（探探）、一块指令盘和若干指令片。当然，也可以使用本书附赠的实践包来完成部分实验。

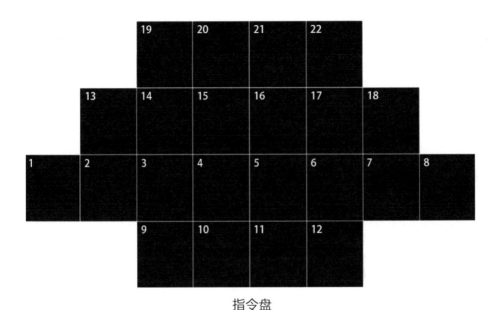

指令盘

前进1格　后退1格　左转1次　右转1次　程序结束

部分指令片

　　我们和探探的交流方式是按一定的顺序将指令片摆放到指令盘上。在这里，我们把按照一定顺序摆放、探探能识别并执行的指令片组合叫作程序。同学们要记得：每编好一次程序，都要在最后加上一个"程序

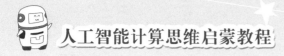
结束"指令片。它就像句号一样，告知探探任务完成，可以停止。

例如，要让探探从家出发到达超市，我们应该怎么用指令片表示？

注：任务地图中除了"家"以轮胎印（⊠）表示外，其他所有地名的具体位置均以该地各颜色的对应图钉为准，如"超市"地名为蓝色，则超市的具体位置为附近蓝色图钉所在处。

任务地图

可以参考下页图。

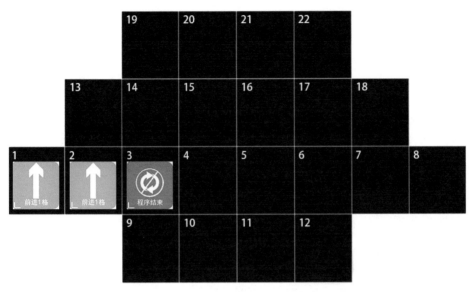

指令盘

同学们明白了吗？

【练一练】

在上面的例子中，下面的两个指令片表示什么？

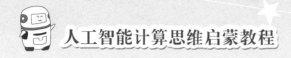

【知识回顾】

人工智能是让机器接收人发出的指令，像人一样思考和行动，为人提供服务。

第 2 节　会数数的人工智能

就像人一样，人工智能也要会数数。例如，阿尔法狗在下围棋的时候需要计算步数，这其实就是数数。

人类为了解决数数这件事，用了许许多多的方法。

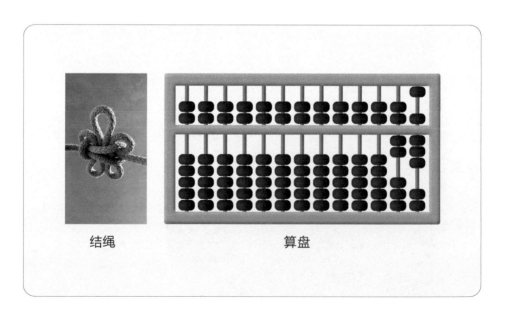

结绳　　　　　　　　　　算盘

机械计算器

计算机

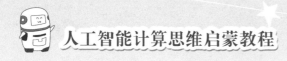

生活中，还有许多事需要数数。

看时间　　　　　　　　　　算距离

同学们，你们能说说生活中还有哪些事情需要数数吗？

其实我们和探探的"交流"也是离不开"数数"的。

【想一想】

1. 指令盘上的数字有什么用呢？

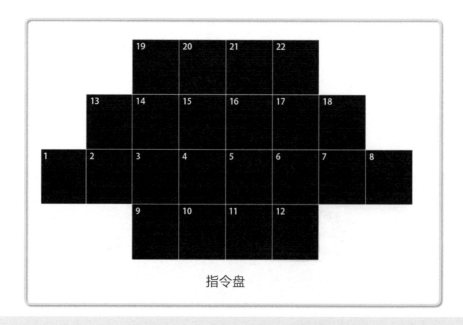

指令盘

这些数字表示探探做事的顺序，所以想好指令片的排列顺序后，还要依次将指令片放入指令盘上对应数字所在的格子，才能让探探正确工作。

你们能数一数我们的指令盘上有多少个数字吗？

2. 你们知道地图上从家到村庄有多少格吗（见第18页任务地图）？

同学们请注意，我们数格子的时候是按交叉点数的，下图中的红色箭头表示前进1格。

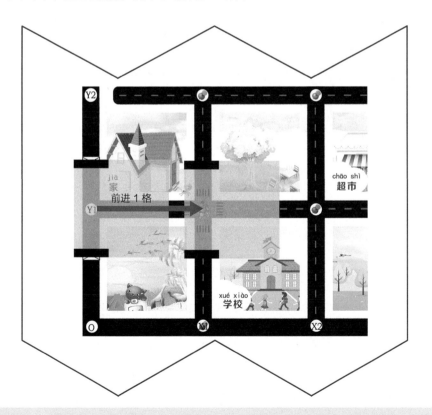

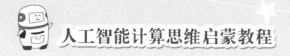
【练一练】

1. 你们能数数从学校到菜园要走几格吗?

2. 你们能数数从游乐园到树林要走几格吗?

任务地图

【知识回顾】

1. 和人一样,人工智能也要会数数。数数渗透到我们生活的方方面面,你们会数数吗?说一说生活中有哪些事是需要数数来完成的。

2. 数一数上面的任务地图横向有几格、竖向有几格。

第 3 节　锦囊妙计

大脑的其中一个功能就是存储记忆。

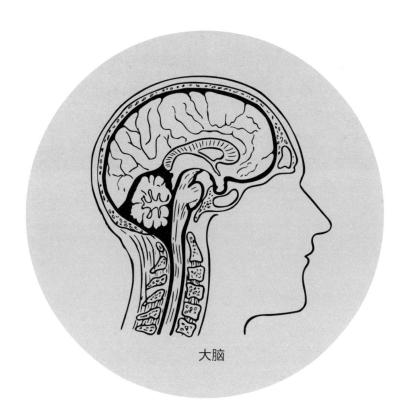

大脑

而人工智能特别是深度学习[1]，离不开存储，大量的"知

注 [1]深度学习：让机器学习信息的内在规律和表示层次。

识"和"处理的过程"都必须存储在存储器里，才能实现随时取用。

数据中心（存储各类信息的地方）

【想一想】

我们的指令盘是不是也是一种存储器呢？我们把需要探探做的每一件事情都按顺序摆放在指令盘上，指令盘就像一个锦囊，而按顺序摆放的指令片组合就像锦囊里的妙计，需要用的时候，将其取出来就可以了。

锦囊

同学们想一想：我们做的每一件事情是不是都是有顺序的？

例如，把铅笔放进笔盒有几步？

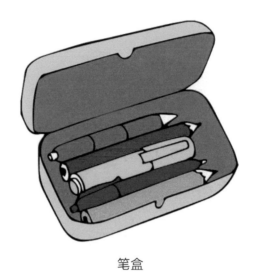

笔盒

打开笔盒→把铅笔放到笔盒的空位上→关上笔盒，这个顺序可以打乱吗？

不可以。存储的时候顺序是很重要的。

【想一想】

你们能想一想图中事件的发生顺序并写下来吗？

| 洗澡 | 睡觉 | 穿衣 | 起床 |

刷牙

吃饭

能说说你们这么排列的原因吗？可以按照下面的顺序来排列吗？

洗澡→睡觉→穿衣→起床→刷牙→吃饭。

【练一练】

探探要执行送菜任务，请把从菜园到酒店的具体步骤使用附赠的指令片摆一摆（同学们，指令片是要重复使用的，别浪费哦！），并说说探探前进/后退了几格、左转/右转了几次。

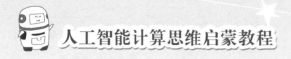
【知识拓展】

1. 存储器是用来存储程序和各种数据信息的部件。

2. 计算机的工作原理：读取存储器中的指令，通过控制器来译码（把程序翻译成机器能明白的二进制信号），并通过执行器来执行指令（探探的电机就是执行器）。

第 4 节　听话的探探

说到人工智能，它的一个很重要的应用就是自动驾驶。

自动驾驶

简单来说，自动驾驶就是利用摄像机、激光雷达、毫米波雷达、超声波雷达等车载传感器来充当车辆的"眼睛"和"耳朵"，以此来收集周围环境的信息，然后通过定位并结合人工智能技术来规划路径和驾驶任务。

自动驾驶技术

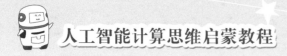
目前，百度的自动驾驶技术在全球处于领先水平。2021 年 12 月，百度成为"中国探月航天工程人工智能全球战略合作伙伴"，在包括月球探测、行星探测等在内的深空探测领域，开展航天技术与人工智能技术的相关合作。

我们可以通过探探和任务地图来模拟应用在自动驾驶汽车上的人工智能技术。只要使用指令片来规划具体的路径，探探就能按照设计好的路径前进。

不过，有些指令片有特殊的规则，我们来看看吧！

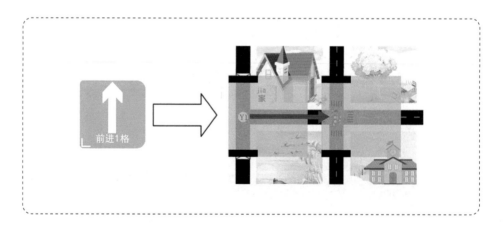

让探探沿着黑线前进 1 格。

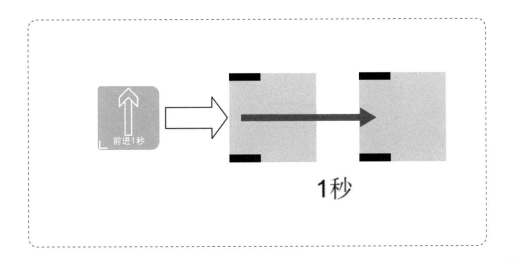

让探探前进 1 秒，不依赖黑线。

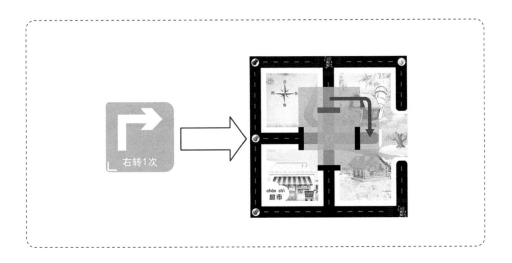

让探探右转 1 次，依赖黑线。

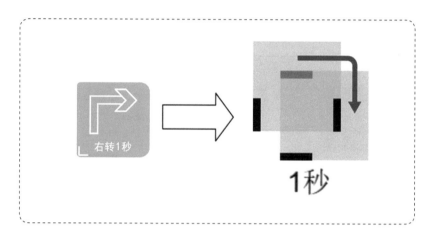

让探探右转 1 秒，不依赖黑线。

【练一练】

1. 从家出发到达营地要怎么走？请用铅笔在地图上画出路径，并在横线处使用附赠的指令片摆一摆。

_____

_____

2. 从银行走直线到达田野可以怎么走？请用指令片摆一摆。

_____

_____

【知识回顾】

1. 自动驾驶技术依靠人工智能、视觉计算技术、雷达、监控装置和全球定位系统协同合作，让计算机可以在没有任何人主动操作的情况下，自动、安全地操纵机动车辆。

2. 以"格"为单位摆放的指令片是需要以地图上的黑线来定位的。

3. 以时间为单位摆放的指令片不依赖黑线。

第2课 智能方位

方位对于人工智能而言也是很重要的一部分，图像识别、自动驾驶、机器人控制等都离不开方位。

方位

第1节 步数与距离

人们在走路的时候怎么知道自己走了多远？

走路

可以数步数、看时间或者用工具来测距离。

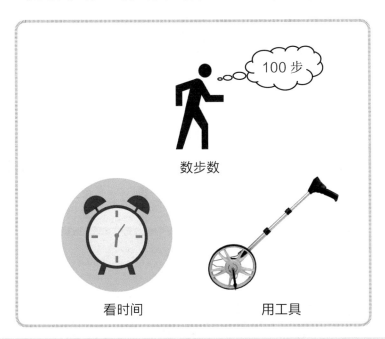

100 步

数步数

看时间   用工具

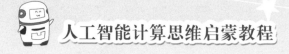

如果我们要让机器也知道自己走了多远，要怎么办？

对！我们可以通过"指令"来告诉它。那么让我们借助探探来模拟试试。

【想一想】

1. 从家到达超市，我们要让探探走几格呢？

2. 从家到达村庄，我们要让探探走几格呢？

注："格"是通过道路的十字交叉点来区分的，过一个交叉点，即过一格。

在距离上：2格_____5格（请在横线上填"大于""小于"或"等于"）。

在方向上：到超市的方向和到村庄的方向是_____的（请在横线上填"一样"或"不一样"）。

通过上面的练习，我们知道以下两点。

1. 对于探探来说，"格"是一个距离单位，数值大小表示距离的远近。

2. 要让探探知道自己走了多远，就要告诉它具体的方向和格数。

【练一练】

在空白处使用附赠的指片令摆一摆吧。

1. 游乐园距离酒店有几格？

2. 树林距离酒店有几格？

3. 游乐园距离树林有几格？

4. 游乐园和树林谁距离酒店更远？

5. 从游乐园到酒店的方向和从树林到酒店的方向是一样的吗？

6. 从酒店出发，按照以下指令可以到达树林吗？

【知识回顾】

1. "格"对于探探来说是距离单位，数值大小表示距离的远近。

2. 要让探探知道自己走了多远，就要告诉它具体的方向和格数。

第2节　迷失的方向

确定位置是人工智能中进行图像识别[①]或构建视觉系统的第一步。

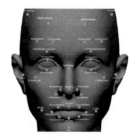 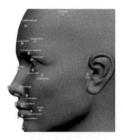

人脸识别

注 ①图像识别：利用计算机对图像进行处理、分析和理解，以识别各种不同模式的目标和对象。

智能地图定位

例如，在识别人脸的过程中就需要定位人脸，以保证从不同的方向都能识别出这个人。而在智能地图定位中，就更需要能够准确地描述方向。因此，方向在人工智能中是一个非常重要的概念。

在生活中，我们用来表示方位的词有前、后、左、右等。

【想一想】

如果想让探探按指定的方向行动，我们要怎么告诉它呢？对，我们要使用指令片。

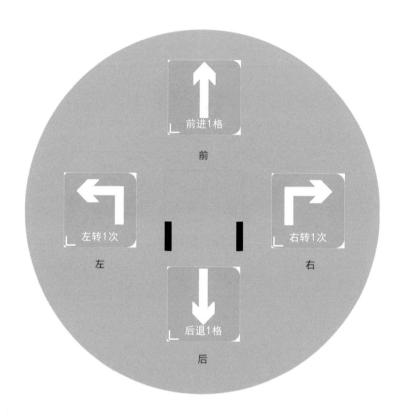

　　给探探下方向指令时，一般我们以车身作为标准，"前进"就是向车头方向行驶，"后退"就是向车尾方向行驶，"左转"就是向车的左侧方向转弯，"右转"就是向车的右侧方向转弯。

【练一练】

　　请在横线处填上对应方向的地点名称。

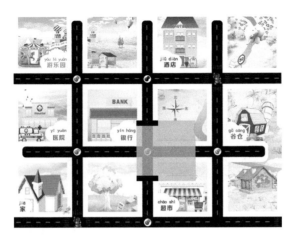

1. 探探的前方是＿＿＿＿。

2. 探探的后方是＿＿＿＿。

3. 探探的左侧是＿＿＿＿。

4. 探探的右侧是＿＿＿＿。

5. 从家出发，按照下面的程序走，探探会到达哪里呢？

请打开任务地图走一走吧！

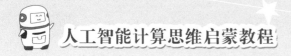
【知识回顾】

1. 左转 1 次：以探探车头为准，向探探的左侧转 1 次。

2. 右转 1 次：以探探车头为准，向探探的右侧转 1 次。

第 3 节　我在哪里

人们在给路人指路的时候，往往会借用一些比较明显的建筑物说明方向。例如，"向前走，直到某某商场右转"。

指路

目前，广泛使用的智能导航软件中也有不少这类语言提示。这里，我们把这类比较明显的建筑物叫作"地标"。

在第 2 节中，我们指挥探探去这里去那里，其实都是以探探为中心，所有的方向都是探探的方向。

这一节我们试试以"地标"为中心来辨别方向。

寻找地标

【想一想】

1. 你们能说说银行的上方和下方分别是什么建筑物吗？

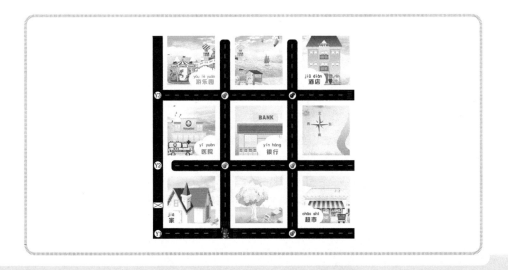

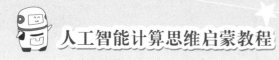

2. 你们能说说谷仓的左边和右边分别是什么建筑物吗？

【练一练】

你们能指挥探探从家出发，到达田野上方的地点吗？

1. 田野上方的地点是_____。

2. 请使用附赠的指令片在下方的指令盘上摆一摆吧。

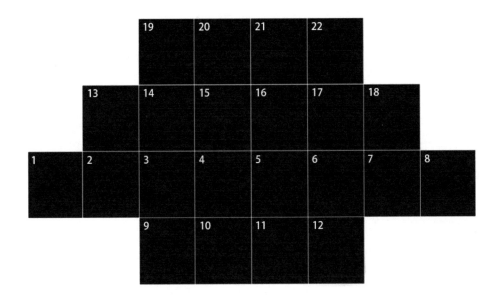

【知识回顾】

在辨别方向的时候，除了能够以自身为中心外，还能够以不同的"地标"为中心。

第4节　救援迷路小车

在第3节中，我们学习了使用"地标"作为中心来辨别方向的方法。不过这种方法有时候还是不够准确，比如在人工智能识别图像或者模拟人类走路的样子的时候就需要更准确地表示位置，那么有什么更好的方法吗？

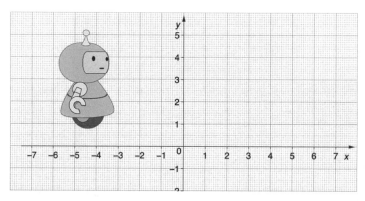

坐标系

　　当然是有的，其实位置可以使用字母和数字的组合来表示，那么具体要怎么做呢？我们先来看看任务地图。

在任务地图的横边和竖边上，有一些字母、字母和数字的组合，如 O、X1、X2、Y1、Y2、……，用它们就能表示具体的位置。

像超市，它的竖线对应的符号是 X2，横线对应的符号是 Y1，所以可以用（X2，Y1）这样的格式来表示超市的位置，而且这种表示的结果是唯一的，再也不用担心找错位置啦！

当这样表示位置时，一般先写竖线对应的符号，后写横线对应的符号，所以超市的位置是（X2，Y1），我们把这种可以表示具体位置的符号组合叫作"坐标"。

【想一想】

请写出以下地点的坐标。

1. 酒店——（　　，　　）。

2. 树林——（　　，　　）。

3. 村庄——（　　，　　）。

4. 游乐园——（　　，　　）。

【练一练】

1. 判断题：对的打"√"，错的打"×"。

（1）在任务地图上，"家"位于超市的右侧。（　　）

（2）家的坐标是（O，Y1）。　　　　　　　　（　　）

2. 探探在地图上迷路了，不知道自己在哪儿，不过它知道自己的"坐标"。请你们帮助探探把对应坐标的地点名称写下来，并让探探从该地点开始向家走，同时把附赠的指令片正确地摆在横线上。

（1）（X5，Y1）是（　　　　）：＿＿＿＿＿＿＿＿＿

＿＿＿＿＿＿＿＿＿＿＿＿＿＿＿＿＿＿＿＿＿＿＿

（2）（X5，Y3）是（　　　）：_____

_____

【知识回顾】

使用字母和数字的组合是可以表示具体位置的，这种组合叫作"坐标"。

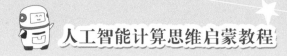

第3课　探探出游

　　同学们知道吗？今天的人工智能只是通过强大的数值运算模拟出的智能。它最重要的一个环节就是把一切信息数字化后，再对这些数字进行特殊的处理，如大数据分析等，从而表现出智能来。

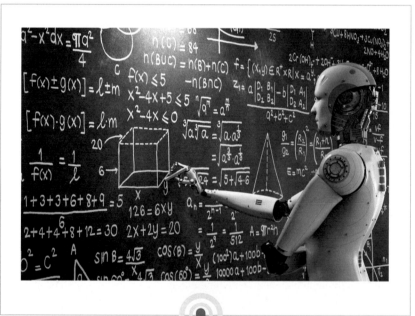

数值运算示意

第1节 走格子

人工智能离不开数字化，同学们思考过"走格子"这件事应该怎么数字化吗？

走格子

其实，在"走格子"的时候我们主要做的事是前进、后退。例如，先前进1格，再前进1格，就相当于前进2格，这是不是就是 1+1=2 的过程呢？

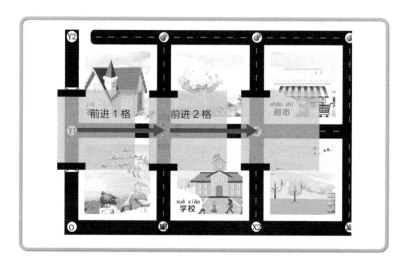

如果先前进1格，再后退1格，那么到底前进了几格呢？

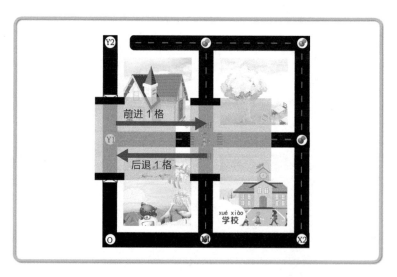

对，这样就等于没有前进，相当于 1−1＝0。

所以在"走格子"的时候，前进相当于做加法，后退相当于做减法。

【想一想】

在我们的任务地图中，如果要前进很多格，可是格子不够用怎么办？

这里我们来认识一组新的指令片，它们能帮助我们解决这个问题。

这组新的指令片叫作"重复"指令片，它们的使用规则是能且只能让探探对"重复"指令片之前的一个指令片重复执行 1 次、2 次或 5 次。

例如，

【练一练】

请在横线处填上探探最终走了几格。

1.

探探最终走了_____格。

2.

探探最终走了_____格。

3.

探探最终走了_____格。

提示：同学们也可以使用指令片来验证一下填写的答案是否正确。

【知识回顾】

在指挥探探"走格子"的时候，前进相当于做加法，后退相当于做减法。

第2节　拐过几道弯

随着人工智能的发展，未来最可能被人工智能代替的工作是什么？是重复性的工作。

在很多单项智能[①]方面，人工智能的能力早就超过了人的能力。例如，德勤公司开发的财务机器人可以在几秒内就完成人力需要36万小时才能完成的工作。

这说明"重复"是机器所擅长的。在第1节的学习过程中，我们知道了指令片中有表示"重复"的指令片，它们分别是以下3种。

这一节我们将进一步了解将"重复"指令片和"转弯"指令片组合在一起有什么特别的结果。

注 ①单项智能：在某一方面（如下围棋、处理财务等）像人一样处理问题的智能。

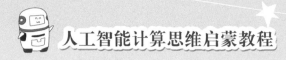
【想一想】

让探探执行以下两个程序的结果是怎样的？

它们都是让探探右转两次。

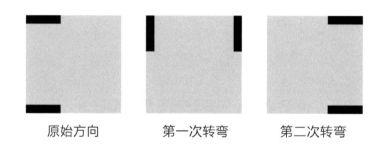

原始方向　　　　第一次转弯　　　　第二次转弯

如果我们想让探探转回到原始方向，那么需要让探探右转几次？请结合我们的指令片试一试。

原始方向　　第一次右转　　第二次右转　　第三次右转　　第四次右转

同学们发现了吧，探探一共要右转 4 次。如果都用"右转 1 次"指令片，就要用到 4 个。可是如果使用"重复"指令片，就可以少用一点。

从上面的例子可以看出，"重复"指令片里面有个隐藏的规则："重复"指令片可以像其他指令片一样叠加使用。

【练一练】

1. 使用"重复 1 次""重复 2 次""重复 5 次"指令片组合出以下重复次数。

重复 3 次 ＝

重复 4 次 =

重复 6 次 =

重复 7 次 =

重复 8 次 =

重复 9 次 =

2. 控制探探从家出发到达营地，尽可能使用"重复"指令片来编写，比一比谁用的指令片总数少。

【知识回顾】

1. 组合"转弯"指令片和"重复"指令片可以控制转弯的次数，并节省指令片。

2. "重复"指令片可以像其他指令片一样叠加使用。

第 3 节　一步都不能错

1996 年，阿丽亚娜 5 型运载火箭第一次发射时就凌空爆炸。事后分析原因时发现，火箭的一段控制程序是直接移植自阿丽亚娜 4 型运载火箭的，而为了节省存储空间，这段控制程序里一个需要接收 64 位数据的变量使用了 16 位。当时的程序员仔细分析了阿丽亚娜 4 型运载火箭的代码，分析出这个变量收到的数据无论如何都不会超过 16 位，因此采取了这个方案。可是在阿丽亚娜 5 型运载火箭上面，这个变量接收的数据会超过 16 位，却没有人检查出这个问题……于是飞行中这个变量接收的数据就溢出了。

目前，我国的人工智能发展处于初期阶段，人工智能还不能真正地在各个方面都自主地推理和解决问题。机器的智能还需要人类去"赋予"，也就是需要人类给机器编写程序。这个过程就像发射火箭一样，程序一步都不能错，否则就会出现问题。

人与机器人交流

火箭升空

因此我们在编写程序的时候，一定要学会检查，懂得找错误并改正错误。

【想一想】

1. 下面程序的执行结果是前进 5 格吗？如果不是，那么怎样才能得到这个结果？

我们使用指令片模拟后会发现，这个程序的执行结果其实是前进4格。把里面的"重复1次"指令片去掉才可以得到前进5格的结果。

其实，像这种没有转弯的程序就是做加减法。

所以结果就是 1+5-1-1=4。

---

2. 以下程序能让探探从家到银行吗？

我们在检查有"转弯"指令片的程序的时候，可以把"转弯"指令片作为"节点"，一步一步地进行检查。

我们发现第二次转弯的方向出错了，应该是右转才正确。

【练一练】

找出下面程序中的错误，并修改过来。

1. 前进 5 格。

2. 前进 9 格。

3. 结合任务地图，从家出发到酒店。

4. 结合任务地图，从医院出发到超市。

【温馨提示】

我们在检查的时候，一定要有耐心，要严谨，可以把
程序的每一步都在大脑或者任务地图中模拟一下。

第 4 节　送快递

同学们，每当你们的爸爸妈妈收到快递时，你们有没
有想过其实这其中也有人工智能的功劳？

机器人收发快递

快递智能扫描机器减少了派送员的工作量；全自动智能分拣机器提高了快递的分拣效率；智能移动机器人不仅减少了工作失误，还加快了卸货的速度。这些都能让快递更快地到达我们手中。

今天我们就要教探探来送快递，比一比哪位同学的探探送得更快、更准确。

【想一想】

探探在送快递的路途中可能会遇到红绿灯，这里规定探探在遇到红绿灯时，必须等待5秒才能前行。

这要怎么做呢？

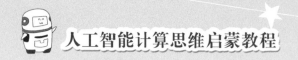
我们需要用到这个新的指令片。

该指令片的作用是让探探保持静止状态 5 秒，然后执行下一个指令片。

所以，以下程序的运行过程是什么？

这个程序的运行过程是探探前进 1 格后停下，保持该状态 5 秒，前进 1 格，程序结束。

探探到了目的地后，要把快递交给对方，又要怎么做呢？

探探可是有"手臂"的哦，我们可以指挥它做出手臂向前和手臂向后的动作，以表示快递的交接。

探探出游

不过要注意，顺序不能颠倒，不然"手臂"可能会被卡住。

示范：结合任务地图，把快递从家送到超市。

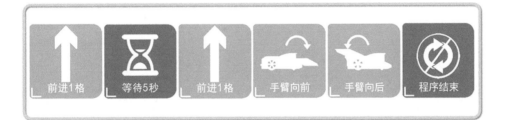

【练一练】

结合任务地图，指挥探探送快递，并把指令片按照正确的顺序摆在横线上。

1. 从家出发，送快递到村庄。

_____

2. 从家出发，先送快递到超市，再送快递到谷仓。

_____

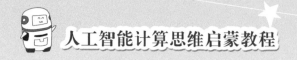

【知识回顾】

"等待5秒"指令片的作用是让探探保持静止状态5秒，然后执行下一个指令片。

第4课　最少指令

程序是人与人工智能打交道的桥梁，是实现人工智能的方法之一。可以说，程序语言是人工智能时代的通用语言。

编写程序

第 1 节　青蛙旅行

随着人工智能技术和生物科技的发展，科学家已经创造出 100% 使用青蛙 DNA 的活体机器人。它既不是常见的金属机器人，也不是传统意义上的生物体。这种毫米级的"异种机器人"可以按照计算机程序设计的路线移动，还可以装载一定重量的物体。例如，在患者体内将药物运送到特定位置。这种活体机器人还能在被切割后自愈。

编程的青蛙

程序是我们和人工智能沟通的桥梁，我们编写的程序越简捷，指令片越少，机器执行起来就越迅速，效率就越高。找到程序中隐藏的规律，可以很好地优化程序，让程序更简捷、高效。

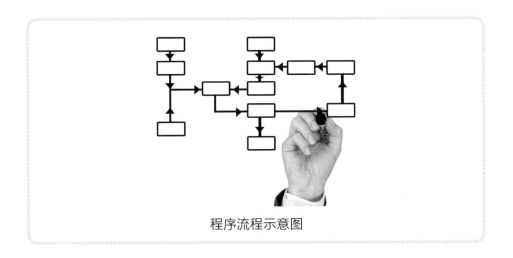

程序流程示意图

今天我们就让探探当一回旅行的青蛙，指挥它前进6格。在探探前进的过程中，要求它每前进2格，都要挥动一次机械臂（包括"手臂向前"和"手臂向后"两个动作）来模仿蛙跳动作。

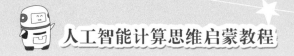
【想一想】

完成上面这个任务的程序应该怎么用指令片表示出来呢？

这样表示要用到许多指令片，而且很麻烦，我们有办法把这个程序优化下，让它更简捷吗？

有的。在优化前，我们先找找这 3 段程序有没有什么共同点。

我们发现第②段程序和第③段程序其实都包括第①段程序，如果我们能把第①段程序复制下来使用，不是就很简单了吗？

今天我们就来学习一下"打包"指令片，了解它的使用有什么规则。

"打包"指令片

"打包"指令片：将放在指令盘"13 到 18"或"19 到 22"位置上的指令片打包成一个指令组，使用时可以直接调用。

例如，前面任务的程序，我们还能像下面这样表示。

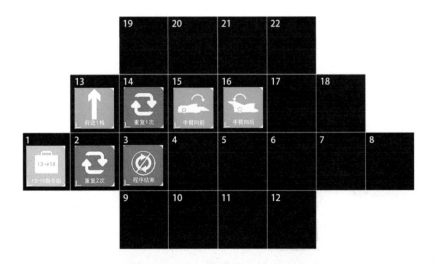

这样，程序是不是变得更简捷了呢？使用的指令片也大大减少了。同学们也动手试一试吧！

【练一练】

1. 指挥探探前进 6 格，不过在前进的过程中，要求每前进 3 格或 2 格，挥动一次机械臂，并分别说明"打包"指令片要重复几次？

2. 指挥探探先从家到达医院，再从医院到达酒店。

【知识回顾】

程序越简捷越好。"打包"指令片可以代替重复出现的指令组，使程序变得更简捷。

第 2 节　正方形的秘密

优化程序的关键是找到任务中隐藏的规律，这种规律在图形中是比较好找出来的。本节我们就来研究正方形中的规律。

正方形

【想一想】

要让探探走出正方形，有什么规律可循呢？

正方形的特点：4 条边都一样长，4 个角都是直角。

在我们的任务地图上有许多正方形，那我们先让探探

走出一个长为 1 格的正方形吧！

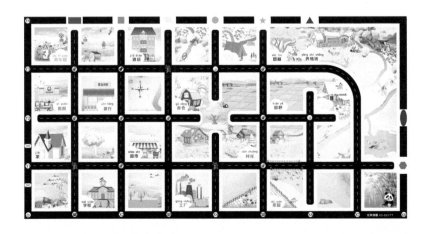

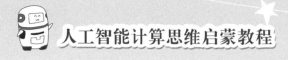
具体步骤是什么？

1.
前进1格

2.
左转1次

3.
前进1格

4.
左转1次

5.
前进1格

6.
左转1次

7.
前进1格

8.
左转1次

发现了吗？其实探探每次前进的格数和转弯的方向都是一样的。

就是这样，发现重复的规律后，我们就可以使用"打包"指令片来实现程序的优化。

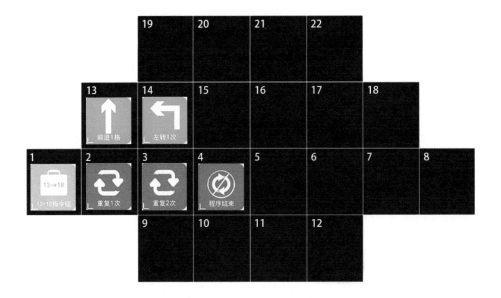

【练一练】

1. 指挥探探走出一个长为 2 格的正方形，并用指令片在下面的指令盘中摆一摆。

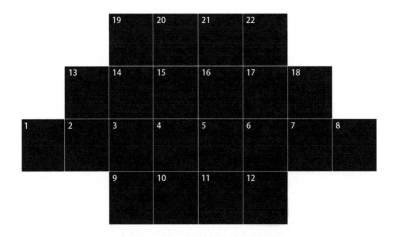

2. 说一说：走出长为 1 格的正方形和走出长为 2 格的正方形在程序上有什么不同。

_____

【知识回顾】

正方形中的规律：每条边都是一样长的，每个角的度数也是一样的（90°）。

第 3 节　长方形的秘密

本节我们学习怎么让探探走出一个长方形。

同学们知道长方形和正方形有什么异同点吗？

相同点：4 个角都是直角。

不同点：正方形的 4 条边一样长；长方形的两条长边一样长、两条短边一样长，但是长边和短边不一样长。

所以，如果让我们人来走出长方形，就必须①走出一条长边，②向左转，③走出一条短边，④向左转，⑤走出一条长边，⑥向左转，⑦走出一条短边，⑧向左转。

那让探探来走的时候，要怎么做呢？还能像走出正方形那样重复 3 次来实现吗？

不可以的，因为长方形的 4 条边不一样长。从人的走路过程来分析，我们只能重复 1 次。

以长边为 2 格、短边为 1 格的长方形为例，我们可以像下面这样排列指令片。

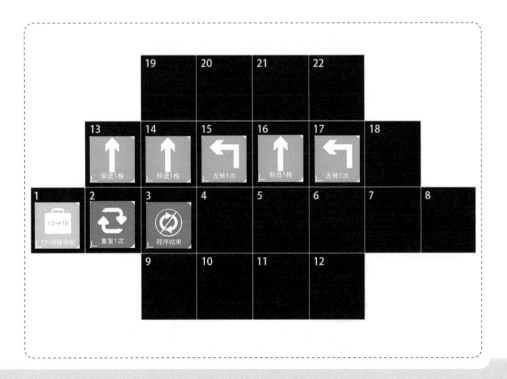

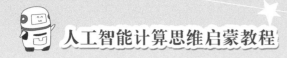
同学们思考一下，如果这个长方形的长和宽发生了变化，我们要怎么修改这个程序呢？

对的，主程序部分我们不需要改变。

要改变的只是打包程序中长、宽的格数。

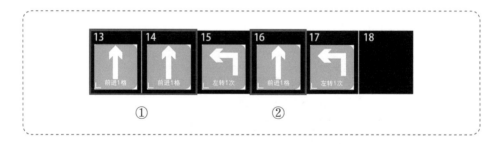

其中，红框①表示长的格数，红框②表示宽的格数。

【练一练】

1. 你们能指挥探探走出一个长为 3 格、宽为 2 格的长方形吗？请使用附赠的指令片在下面的指令盘中摆一摆吧。

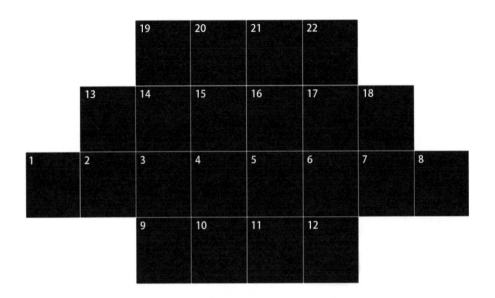

2. 你们能指挥探探走出一个长为 6 格、宽为 3 格的长方形吗？请使用附赠的指令片在下面的指令盘中摆一摆吧。

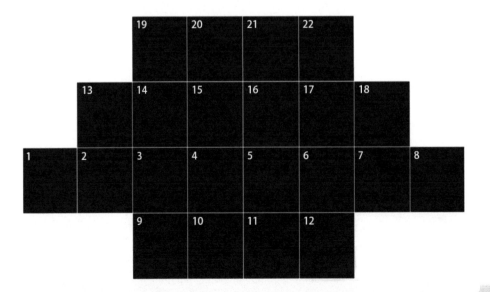

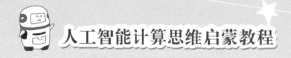

【知识回顾】

1. 长方形中的规律：长边一样长，短边一样长，每个角的度数是一样的（90°），但是长边和短边不一样长。

2. "打包"指令片能够把一组指令片打包，可以便捷地使用这组指令片，从而达到简化程序的目的。

第4节　巡逻犬

随着现代科技的发展，特别是人工智能的出现，越来越多的工作都在实现无人化操作。

下图中的机器狗得益于智能算法，它能够在不平坦的地面上，或者被脚踹的时候保持平衡。

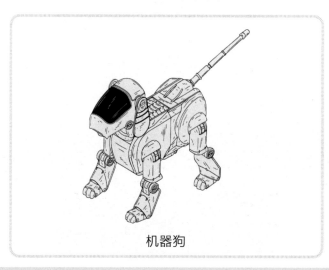

机器狗

现在，我们让探探来当一回巡逻犬，让它在指定的范围内活动，只是范围不再是简单的长方形或正方形，而是它们的组合。

先来看看民警叔叔发布的巡逻范围的图形吧！

从任务地图中我们可以看出，巡逻范围实际上是一大一小两个正方形。

【想一想】

是不是两个正方形的 4 条边都要走出来呢？

不是的，小正方形实际上只要走 3 条边，大正方形要走 4 条边。

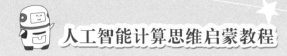
接下来，请同学们思考一下，把哪里作为起点，先走大正方形好还是先走小正方形好呢？

最好能够一次走完。我们可以以谷仓为起点，先走小正方形，再走大正方形，如下图箭头所示。

但是要注意的是，按照这样的走法，在两个正方形的转弯处的方向是相同的吗？

显然是不同的，小正方形是左转，大正方形是右转。

所以我们的程序可以这样编写。

小正方形：

大正方形：

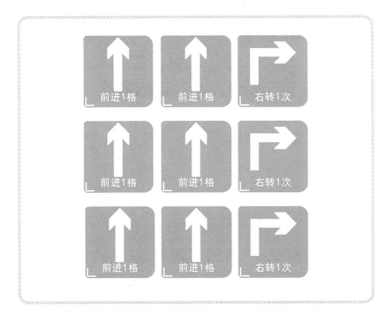

不过由于"前进"指令片不够，因此我们可以依据下图优化程序。

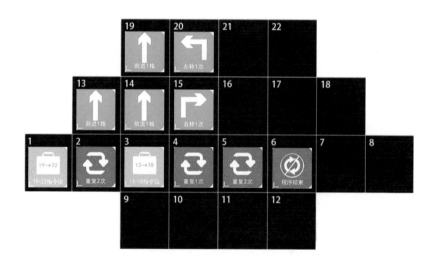

这样我们的探探就能开始巡逻啦！

【练一练】

你们能让探探在下面的范围内巡逻吗？请使用附赠的指令片在指令盘中摆一摆吧。

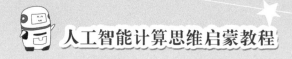
【知识回顾】

在图形中，我们要先找好合适的起点，然后合理地规划路线，尽量以最少的步骤完成任务。

附录1　部分"练一练"参考答案

第1课第1节

：表示让探探前进1格。

：表示让探探停止工作，结束任务。

第1课第2节

1. 从学校到菜园要走4格。

2. 从游乐园到树林要走4格。

第1课第3节

从菜园到酒店可以前进3格、左转1次，再前进3格。

第1课第4节

2. 前进1格，再前进2秒到达田野。

- -

第2课第1节

1. 1格。

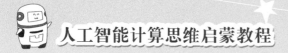

2. 3 格。

3. 4 格。

4. 树林。

5. 不一样。

6. 可以。

第 2 课第 2 节

1. 谷仓。

2. 医院。

3. 酒店。

4. 超市。

5. 酒店。

第 2 课第 3 节

1. 树林。

2. 路径是前进 5 格→左转 1 次→前进 2 格。用到的指令片贴纸有 5 张前进 1 格、1 张左转 1 次、2 张前进 1 格。

第 2 课第 4 节

1. ×、√。

2. （1）村庄（具体路径不唯一）。

（2）树林（具体路径不唯一）。

第 3 课第 1 节

1. 4。

2. 8。

3. 4。

第 3 课第 2 节

1. 重复 3 次 = 重复 1 次 + 重复 2 次。

重复 4 次 = 重复 2 次 + 重复 2 次。

重复 6 次 = 重复 5 次 + 重复 1 次。

重复 7 次 = 重复 5 次 + 重复 2 次。

重复 8 次 = 重复 5 次 + 重复 2 次 + 重复 1 次。

重复 9 次 = 重复 5 次 + 重复 2 次 + 重复 2 次。

第 3 课第 3 节

1. 前进 1 格、重复 2 次、前进 1 格、重复 1 次、程序结束。

2. 前进 1 格、重复 5 次、前进 1 格、重复 2 次、程序结束。

3. 前进 1 格、重复 1 次、左转 1 次、前进 1 格、重复 1 次、程序结束。

4. 前进 1 格、右转 1 次、前进 1 格、程序结束。

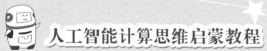
附录2 任务地图

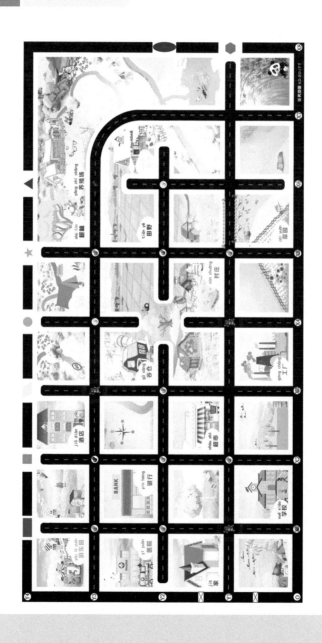

附录3　裤兜机器人（自动识别拼图式）套装使用说明书

一、产品概述

裤兜机器人（自动识别拼图式）套装 KD-2017 由指令盘 KD-2017B、裤兜小车 KD-2017C、任务地图 KD-2017T 和一组指令片 KD-2017M01~KD-2017M46 组成。

本产品使用若干个指令片在 KD-2017B 指令盘上通过直观拼图的方式完成程序的组织和编排，然后通过蓝牙下载到 KD-2017C 裤兜小车中，在 KD-2017T 任务地图上或其他平整场地上执行对应程序。

本产品的设计特别符合 5 周岁以上儿童的认知规律，不需要计算机、平板电脑和手机等设备即可完成编程和下载，有利于儿童专注于机器人的编程学习，直观地了解机器人程序的运行过程和原理，培养逻辑思维，实现编程启蒙教育。

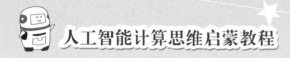
二、产品参数

1．物理参数

KD-2017B 的尺寸为 285mm×200.5mm×12mm，重量约为 1210g。

KD-2017C 的尺寸为 125mm×89mm×47mm，重量约为 360g。

KD-2017M01~KD-2017M46 的尺寸为 32mm×32mm×4mm，重量约为 7g。

2．电气参数

KD-2017B 内置锂电池：3.7V、1000mAh。

KD-2017C 内置锂电池：3.7V、2200mAh。

内置蓝牙：BLU4.0。

充电：5V、1A，MicroUSB 接口，满电自动停止充电。

待机工作时间：大于 8 小时。

正常工作时间：大于 2 小时。

三、产品构成

1. KD-2017B 指令盘

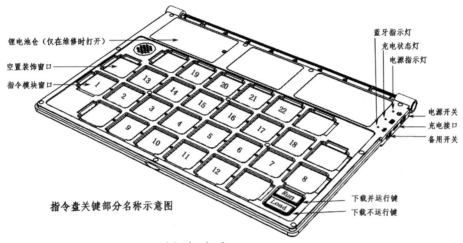

指令盘关键部分名称示意图

2. KD-2017C 裤兜小车

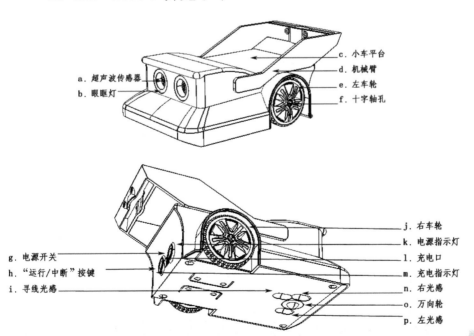

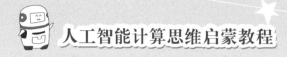
3. KD-2017T 任务地图

为了方便理解，这里只显示地图的框架。

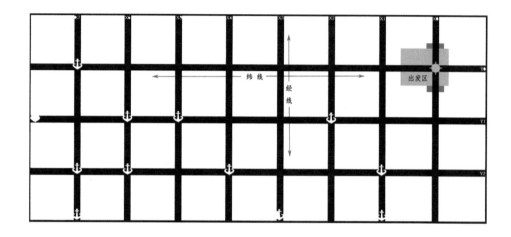

横向黑线为纬线。

竖向黑线为经线。

出发区灰色阴影为放置小车的正确方式（车轮要压黑线）。

4. KD-2017M01~KD-2017M46 指令片

指令片功能的介绍详见附录 4。

四、编程学习使用说明

注意：KD-2017B 指令盘和 KD-2017C 裤兜小车要配合使用，单独使用 KD-2017B 指令盘或 KD-2017C 裤兜小车都无法顺利完成编程学习任务。

1. 蓝牙对接

（1）将 KD-2017B 指令盘的电源开关拨到开启位置，电源指示灯亮。

（2）将 KD-2017C 裤兜小车的电源开关拨到开启位置，电源指示灯亮。

（3）等待小车的蓝牙与指令盘的蓝牙对接，对接成功前，小车眼眶灯呈呼吸灯状态，直到小车发出"嗒嗒嗒、嗒嘀嗒"的提示音，同时眼眶灯呈常亮状态即表示蓝牙对接成功。这一过程的用时视现场信号情况而定，超过 20 秒未能对接成功请查阅后面的故障处理说明。蓝牙对接成功后即可开始编程学习和游戏。

（4）两个设备有一个误关机后再开机，另一个如果一直保持开机状态则需要等待 20 秒以上才能重新对接。因此，及时把配对的设备一并关机后再开机，能尽快恢复两个设备之间的蓝牙对接。

2. 放置指令片

（1）本产品将 KD-2017M01~KD-2017M46 指令片放置在 KD-2017B 指令盘的"指令模块窗口"来完成程序的编译。

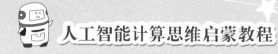
（2）根据程序编译的需要，指令片要从1号"指令模块窗口"开始按照顺序摆放，共有22个"指令模块窗口"。注意：指令盘上的"空置装饰窗口"无法辨识指令片，因此不能放置指令片。

（3）本产品还具有特定指令片打包区域，具体参见附录4的相关指令片功能。

3. 下载指令盘上的程序到裤兜小车上运行

（1）按动 KD-2017B 指令盘上的"Run"键，能使小车立即执行指令盘上的程序，在顺利执行完所有程序且小车停止运行后，可直接按动小车背后的"运行/中断"按键再次运行。但是，如果小车没有执行完程序就按动小车背后的"运行/中断"按键，则下载的程序会被立即清除。如果要再次运行，则需要按动指令盘上的"Run"键。"Run"键十分常用。

（2）按动 KD-2017B 指令盘上的"Load"键，能将指令盘上的程序下载到小车上，但是不立即运行。下载后需要按动小车背后的"运行/中断"按键才能启动刚下载的程序。但是，如果小车没有运行完下载的程序就按动该按键，则会清除程序，需使用指令盘再次下载并运行。

"Load" 键很少单独使用。

（3）如果同时按动 KD-2017B 指令盘上的 "Run" 和 "Load" 两个键，则会立即中断并清除小车上运行的程序，重置小车为待机状态。这种方式一般用于发现程序错误后，及时遥控中断小车的运行。

（4）小车背后的 "运行／中断" 按键也可以用于立即中断并清除程序。

（5）部分指令片的功能说明请参见附录4。

五、故障处理

1. 蓝牙未能成功自动对接

检查指令盘和小车是否是配套设备，尤其是现场有多套设备时容易产生混搭。蓝牙一般在出厂时已经——配对，但由于误操作等原因有可能造成蓝牙配对失败，如果重复开关机两三次还未能自动对接成功，可尝试如下蓝牙重置对接步骤。

（1）关闭小车电源，开启指令盘，保证周边没有其他指令盘开启。

（2）开启小车电源前先按住 "运行／中断" 按键，然后开启小车电源。

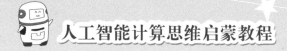

（3）过两秒以后松开小车"运行／中断"按键。

（4）观察小车眼眶灯是否亮起，如果亮起且处于呼吸灯状态，则要关闭小车电源，重复上述过程；如果小车眼眶灯未亮起，一般过几秒后就会发出蓝牙对接成功的提示音，眼眶灯常亮。

（5）如果反复几次还是未能成功，请确认指令盘的电源是否开启，两者电源电量是否正常；接着请仔细检查是否按照上述（1）到（3）的对接步骤进行，如果还不能完成蓝牙对接请联系经销商返修。一般情况下，能正常自动对接成功的配套产品请勿做重置蓝牙对接的操作，以免发生蓝牙对接混乱的情况，影响正常使用。在多套裤兜机器人同时在场的情况下也尽量不要尝试重置蓝牙对接的操作。

2. 小车行动过于缓慢呆滞，转弯不灵活

除了检查场地外，还要检查电源电量是否充足，小车轮胎部分是否松动。

3. 小车不能正常走格子和寻线

小车走格子和寻线主要依靠光电传感器检测地面反射光的强度，如果任务地图或场地凹凸不平，造成反射光的强度异常，则有可能影响正常寻线动作，请注意排除；同理，现场请尽量避免侧面有直射车底的强光线，以免影响寻线识别。

4. 指令盘识别混乱或不执行对应的指令片

（1）检查"指令模块窗口"是否干净、指令片底部是否有异物或脏污遮盖。

（2）检查指令片是否按照"指令模块窗口"的编号顺序放置。

（3）检查指令片是否按照指定方向放置到指令盘的"指令模块窗口"上，注意指令片不能颠倒或放在"指令模块窗口"沿上，必须完全嵌入"指令模块窗口"中。

（4）如果上述检查无误而故障未能排除，则请进一步检查蓝牙是否掉线，检查指令盘和小车上的蓝牙对接指示灯是否常亮，有时候蓝牙掉线需要等待20秒左右才会发出蓝牙掉线的警示音。一般要求小车和指令盘的距离保持在10米范围内。

（5）检查是否忘记在主程序后面放置必要的结束或重复指令片。如果使用指令组，则请检查是否在未使用的指令组窗口放置结束指令片。

本产品使用的电机耗电量少、续航能力强，但是负载

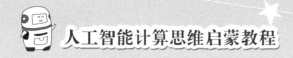
能力较小，如果电机空转正常，但负载不转，则表明其超负荷，需要调整外接传动机的润滑度和齿轮比，以减轻传动负载。本现象不属于故障范围。

附录4　裤兜机器人部分指令片功能说明

序号	名称	功能说明
01	前进1格	以在任务地图上小车车头向右为例，该指令片使小车沿着横向黑线前进到下一个横向黑线与竖向黑线的交点处停下
02	后退1格	以在任务地图上小车车头向右为例，该指令片使小车沿着横向黑线后退到下一个横向黑线与竖向黑线的交点处停下
03	左转1次	以在任务地图上小车车头向右为例，该指令片使小车原地向左旋转到邻近的横向直线上停下
04	右转1次	以在任务地图上小车车头向右为例，该指令片使小车原地向右旋转到邻近的横向直线上停下
05	前进1秒	在任何平整场地上，该指令片使小车前进1秒后停止
06	后退1秒	在任何平整场地上，该指令片使小车后退1秒后停止
07	重复1次	该指令片能且只能让小车对之前的动作类指令和集成类指令重复执行1次
08	重复2次	该指令片能且只能让小车对之前的动作类指令和集成类指令重复执行2次

续表

序号	名称	功能说明
09	重复 5 次	该指令片能且只能让小车对之前的动作类指令和集成类指令重复执行 5 次
10	等待 1 秒	该指令片让小车保持当前状态，等待 1 秒后执行下一个指令模块
11	等待 2 秒	该指令片让小车保持当前状态，等待 2 秒后执行下一个指令片
12	等待 5 秒	该指令片让小车保持当前状态，等待 5 秒后执行下一个指令片
13	循环执行	该指令片使小车无限循环执行从第一个指令片到该指令片的前一个指令片，直到小车背后的"运行 / 中断"按键被按下，或指令盘上的"Run"键和"Load"键同时被按下才会停止，下一次重复执行需要按"Run"键或"Load"键
14	程序结束	该指令片使小车只执行从第一个指令片到该指令片之前的所有指令片，后面的指令片全部无效
15	短音 1 次	该指令片使小车发出一次短促的蜂鸣器声音，相当于摩尔斯电码短点音效"嘀"
16	长音 1 次	该指令片使小车发出一次较长的蜂鸣器声音，相当于摩尔斯电码长划音效"嗒"
17	手臂向前	该指令片使小车的机械臂持续向前翻转一定的时间
18	手臂向后	该指令片使小车的机械臂持续向后翻转一定的时间

续表

序号	名称	功能说明
19	13-18 指令组	该指令片使编号为 13 到 18 的"指令模块窗口"中的指令片合成一个指令组，可以随时灵活调用，或使用"重复"指令片控制该指令组整体打包执行
20	19-22 指令组	该指令片使编号为 19 到 22 的"指令模块窗口"中的指令片合成一个指令组，可以随时灵活调用，或使用"重复"指令片控制该指令组整体打包执行